BEI GRIN MACHT SICH IHR WISSEN BEZAHLT

- Wir veröffentlichen Ihre Hausarbeit,
  Bachelor- und Masterarbeit

- Ihr eigenes eBook und Buch -
  weltweit in allen wichtigen Shops

- Verdienen Sie an jedem Verkauf

Jetzt bei www.GRIN.com hochladen
und kostenlos publizieren

Der Klimawandel in den Alpen und dessen Auswirkungen auf den Tourismus

Johannes Tenbrink

Bibliografische Information der Deutschen Nationalbibliothek:

Die Deutsche Nationalbibliothek verzeichnet diese Publikation in der Deutschen Nationalbibliografie; detaillierte bibliografische Daten sind im Internet über http://dnb.d-nb.de abrufbar.

ISBN: 9783346790514
Dieses Buch ist auch als E-Book erhältlich.

Westfälische Wilhelms-Universität

Institut für Geographie

Seminar: Hochgebirge

Modul Regionale Geographie

Sommersemester 2022

Der Klimawandel in den Alpen und dessen Auswirkungen auf den Tourismus

Vorgelegt von:

Johannes Tenbrink

Bachelor HRSGE Sozialwissenschaften/ Geographie

Inhalt

1. Einleitung

Dass der anthropogen verursachte Klimawandel existent ist, sollte heutzutage keiner mehr bezweifeln. Neben den natürlichen Klimawandel, der bewirkt, dass das Klima auf der Erde schon immer schwankt, kommt nun auch der Mensch als zusätzlicher Klimafaktor hinzu. Das Intergovernmental Panel on Climate Change bestätigt dies in dem neuesten Bericht. Vor allem der gewaltige Ausstoß von Treibhausgasen durch die Menschheit verstärkt den Klimawandel. Auch in Deutschland sind immer mehr extreme Wetterereignisse vorzufinden. Jeder Mensch ist auf irgendeine Weise vom Klimawandel betroffen und die Menschheit ist generell enorm abhängig von dem Klima auf der Erde. Um die Erderwärmung auf 1, 5 Grad Celsius zu begrenzen müsste es bis zum Jahr 2030 zu einer Verringerung der Treibhausgas-Emission um 45 % in Relation zum Jahr 2019 kommen (vgl. Interngovernmental Panel on Climate Change, 2022). Dieses Ziel ist hauptsächlich durch eine drastische Reduzierung fossiler Energiequellen zu erreichen (vgl. ebd.). Der neueste IPCC-Bericht konnte aber auch eine positive Entwicklung feststellen. Zwischen den Jahren 2010 und 2019 ist der Gehalt an Kohlenstoffdioxid in der Atmosphäre jährlich um 0,3 % gesunken (vgl. ebd.). Dies ist vor allem auf den Kohleausstieg und der vermehrten Förderung von erneuerbaren Energiequellen zurückzuführen (vgl. ebd.). Auch die Alpen bleiben nicht vom Klimawandel verschont, sondern der Klimawandel birgt Risiken, die sich auf das sensible und einzigartige Bergökosystem der Alpen auswirken. Die Alpen sind ein Hochgebirge und ziehen Jahr für Jahr sehr viele Touristen und Touristinnen an. Der Tourismus ist eine sehr wichtige Einnahmequelle und das bedeutendste wirtschaftliche Standbein der Regionen in den Alpen. Vor allem die einzigartige Natur mit vielfältigen Ökosystemen auf einer kleinen Fläche und die atemberaubende Landschaft sind die Hauptattraktion für die Reisenden. Somit sind die Menschen im Alpenraum enorm abhängig von einer intakten Natur, die weiterhin viele Reisende anziehen sollte.

Aus diesen Zuständen ergeben sich die Leitfragen der vorliegenden Arbeit: Wie wirkt sich der Klimawandel auf den Naturraum der Alpen aus? Welche Folgen haben diese Auswirkungen auf den Tourismus in den Alpen? Der Klimawandel und dessen soziale, ökologischen und ökonomischen Auswirkungen hat in der heutigen Zeit bereits eine enorme wissenschaftliche Relevanz im Fachbereich der Geographie. Es ist zwingend notwendig, dass im Bereich des Klimawandels die geographische Forschung weiterhin intensiviert und ausgeweitet wird. In der vorliegenden Arbeit soll nun erläutert werden, welche Folgen der Klimawandel auf den Naturraum und den Tourismus in den Alpen hat und so sollen die oben genannten Leitfragen beantwortet werden.

Um den tatsächlichen Einfluss des Klimawandels auf die Alpen genauer analysieren zu können, wird zuerst die Geologie, die Entstehung und der Naturraum Alpen untersucht und beschrieben. Im Anschluss und die Entstehungsgeschichte der Alpen wird der Alpenraum in Bezug auf seine geologischen, klimatischen und pedologischen Eigenschaften untersucht und eingegrenzt. Auch die

Tier- und Pflanzenwelt der Alpenregion wird skizzenhaft beschrieben. Anschließend wird aufgezeigt, wie sich der Klimawandel in den Alpen auf die klimatischen Gegebenheiten dort auswirkt. Danach wird auf physisch-geographischer Ebene untersucht, wie sich die durch den Klimawandel bedingten klimatischen Veränderungen auf die Hydrosphäre, Kryosphäre, Pedosphäre, Tierwelt und Vegetation auswirken. Hier werden auch die Konsequenzen für die anthropogenen Systeme im Alpenraum dargestellt. Die Entwicklung und die Bedeutung des Tourismussektors in den Alpen werden daraufhin dargelegt. Dabei wird sowohl der Sommertourismus, als auch der Wintertourismus charakterisiert. In anthropogeographischer Hinsicht wird dann erläutert, welche Konsequenzen die durch die Erderwärmung bedingten Veränderungen des Naturraums der Alpen auf den Sommer- und Wintertourismus in den Alpenregionen haben. Im Schlussteil werden die zentralen Ergebnisse dieser Arbeit zusammengefasst, ein Ausblick in die Zukunft gegeben und die Leitfragen beantwortet.

2. Entstehung, Geologie und Naturraum der Alpen

Die Alpen sind ein Hochgebirge, welches die Grenze zwischen Mittel- und Südeuropa bildet (vgl. Abb. 1) (vgl. Coenraads, 2007). Die Gebirgsregion der Alpen umfasst eine Fläche von 190.912 Quadratkilometern und erstreckt sich über Deutschland, Schweiz, Österreich, Italien, Frankreich, Liechtenstein, Monaco und Slowenien (vgl. Abb. 1) (vgl. Commission Internationale pour la Protection des Alpes (CIPRA), 2018). Auf dieser Fläche leben zirka 13 Millionen Menschen (vgl. ebd.).

Die Abbildung wurde aus urheberrechtlichen Gründen von der Redaktion entfernt.

Abbildung 1: Geographische Einordnung der Alpen (Quelle: Wikimedia, o. J.)

Durch die langsame Stauchung und Schließung des Urmeers Tethys, welche durch die Verschiebung der afrikanischen Kontinentalplatte nach Norden bedingt wurde, sind die Alpen im Miozän und Oligozän entstanden (vgl. Coenraads, 2007). Dabei wurden Schichten von im Tethysmeer abgelagerten Sandstein, Kalkstein, Schieferton und Dolomit angehoben und es entstanden schräge Überschiebungsflächen (vgl. ebd.). Die nachfolgenden Eiszeiten haben das Landschaftsbild der Alpen weiter geprägt (vgl. Pfiffner, 2009). Durch das Abschmelzen der Gletscher wurden die Täler gebildet und Moränenlandschaften und weitere glaziale Sonderformen sind entstanden (vgl. ebd.). Vor allem die Würm-Eiszeit übte großen Einfluss auf die heutige Alpenlandschaft aus (vgl. ebd.).

Die westlichen und östlichen Voralpen bestehen größtenteils aus Sedimentgesteinen, zum Beispiel Kalkgesteine, Schiefer und Flysch (vgl. Bätzing, 2015). Hier sind im Laufe der Pedogenese alkalische Karbonatböden entstanden, die eine tiefe Gründigkeit und gute Nutzungsmöglichkeiten für den Menschen vorweisen (vgl. ebd.). In den durch ihre Höhe schlecht zu besiedelnden Zentralalpen sind vorwiegend morphologisch harte Gesteine vertreten, beispielsweise Gneise und Granite (vgl. ebd.). Diese Gesteine bilden nur sehr langsam Böden mit sauren Humusdecken und sie sind nur sehr eingeschränkt anthropogen nutzbar (vgl. ebd.).

Das Klima der Alpen ist aufgrund des heterogenen Reliefs und der enormen räumlichen Ausdehnung schwierig zu erfassen. Dennoch lässt es sich durch verschiedene Formenwandel beschreiben. Der hypsometrische Formenwandel kennzeichnet sich dadurch, dass mit steigender Höhe die Durchschnittstemperatur sinkt, der Niederschlag steigt und die Intensität der Solarstrahlung zunimmt (vgl. ebd.). Dadurch wird mit zunehmender Höhe auch der Temperaturunterschied zwischen Schatten und Licht immer größer (vgl. ebd.). Der peripher-zentrale Formenwandel beschreibt, dass das Klima am Rand der Alpen maritim und in den Zentralalpen kontinental geprägt ist (vgl. ebd.). Die Niederschlagsmenge in den Alpen ist enorm hoch, da die Wolken durch die Höhe der Alpen aufsteigen müssen und dementsprechend abregnen (vgl. ebd.). Da sich die Wolken bis zu den Zentralalpen schon größtenteils abgeregnet haben, ist dieses Gebiet mit 600 mm bis 1000 mm Jahresniederschlag relativ trocken (vgl. ebd.). Zudem weisen die inneralpinen Täler eine bis zu 1 Grad Celsius höhere Durchschnittstemperatur auf, was mit der höheren Anzahl an Sonnenstunden zusammenhängt (vgl. ebd.). Der planetarische Formenwandel stellt den klimatischen Unterschied zwischen den durch ein mediterranes Klima gekennzeichneten Süden der Alpen und den durch ein kühlgemäßigtes Klima charakterisierten Norden der Alpen dar (vgl. ebd.) In den südlichen Alpen herrscht ein Niederschlagsmaximum im Winter vor und die nördlichen Alpen haben einen ganzjährigen Niederschlag mit einem Niederschlagsmaximum im Sommer (vgl. ebd.). Der westöstliche Formenwandel beschreibt die Beeinflussung des Westens vom ozeanischen Klima und des Ostens vom kontinentalen Klima (vgl. ebd.). So ist es im Westen der Alpen feuchter als im Osten der Alpen (vgl. ebd.)

Das Hochgebirge ist durch eine sehr große biologische Vielfalt charakterisiert. Zahlreiche Arten, die in den Alpen vorkommen, sind im Flachland nicht mehr vorzufinden (vgl. ebd.). In den Alpen lassen sich insgesamt zirka 5000 Pilzarten, 2500 Flechtenarten, 4500 Gefäßpflanzen und 800 Arten von Laubmoosen finden (vgl. ebd.). Des Weiteren sind viele verschiedene Tierarten in den Alpen beheimatet, nämlich 20000 Arten von Wirbellosen, 200 Brutvögelarten, 80 Fischarten, 80 Arten von Säugetieren, 21 Amphibienarten und 15 Reptilienarten (vgl. Deutscher Alpenverein e.V. (a), o. J.).

Durch den hypsometrischen Formenwandel in den Alpen bilden sich dort verschiedene kleinräumliche Vegetationszonen. Je nach Höhenstufe ergeben sich also Veränderungen in der Pflanzenwelt (vgl. Abb. 2) (vgl. Deutscher Alpenverein e.V. (b), o. J.). Die submontane Stufe reicht bis zu einer Höhe von 800 Metern und die Vegetation besteht aus natürlichen Laubwäldern (v.a. Buchen, Eichen) (vgl. Abb. 2) (vgl. ebd.). Laub-, Misch- und Nadelwald ist die Vegetation in der montanen Stufe, die in den Zentralalpen bis zu 2000 Metern reicht und in den Randalpen eine maximale Höhe von 1500 Metern erreicht (vgl. Abb. 2) (vgl. ebd.). Den Übergangsbereich von den Nadelwäldern zum Krummholz bildet die subalpine Stufe. Sie erreicht eine maximale Höhe von 2400 Metern (vgl. Abb. 2) (vgl. ebd.). Die vorletzte Höhenstufe, die alpine Stufe, ist vor allem durch Zwergstrauchheiden und Grasheiden gekennzeichnet und reicht bis maximal 3000 Meter Höhe (vgl. Abb. 2) (vgl. ebd.). Schließlich ist in der nivalen Stufe ganzjährig Schnee vorzufinden und hier können nur besonders angepasste Pflanzenarten, Moose und Flechten gedeihen (vgl. Abb. 2) (vgl. ebd.).

Der Wasserabfluss der Alpen ist stark von der Jahreszeit abhängig (vgl. ebd.). Das Wasser wird im Winter als Schnee gebunden und fließt dann mit der Schneeschmelze im Frühjahr in enormen Mengen ab. Starke Niederschlagsereignisse können diese großen Wassermengen weiter vergrößern und es kann beispielsweise zu Hochwassern kommen (vgl. ebd.). Zudem können die Böden in den Alpen nur sehr wenig Wasser speichern (vgl. ebd.). Das führt dazu, dass das Wasser fast ungehindert abfließen kann (vgl. ebd.).

Im gesamten Alpengebiet sind heute zirka 5000 Gletscher vorzufinden (vgl. Bayerischer Rundfunk, 2019). Davon sind fünf in Deutschland angesiedelt, nämlich der Nördliche und Südliche Schneeferner auf der Zugspitze, den Höllentalferner im Wettersteingebirge und der Watzmanngletscher und der Blaueisgletscher in den Berchtesgardener Alpen (vgl. ebd.).

Die Abbildung wurde aus urheberrechtlichen Gründen von der Redaktion entfernt.

Abbildung 2: Vegetation der Höhenstufen (Quelle: Deutscher Alpenverein e. V., o. J.)

3. Der Klimawandel in den Alpen

3.1 Klimatische Auswirkungen des Klimawandels in den Alpen

Seit 1900 ist in Deutschland ein Anstieg der jährlichen Mitteltemperatur um 1 Grad Celsius zu verzeichnen (vgl. Gebhardt et al., 2019). Im Winter ist die Niederschlagsmenge heutzutage in Relation zum Jahr 1900 um 19 % angestiegen und im Sommer ist die Niederschlagsmenge zurückgegangen (vgl. ebd.). Die Ursachen für die Temperaturerhöhung in dem letzten Jahrhundert sind sowohl auf interne Wechselwirkungen, als auch auf externe Faktoren zurückzuführen (vgl. ebd.). Die globale atmosphärische Zirkulation und die Wechselwirkungen mit den Ozeanen, dem Eis und der Vegetation verursachten einerseits diese Temperaturerhöhung (vgl. ebd.). Zu den externen Faktoren zählen andererseits vor allem die Sonneneinstrahlung und der Mensch, der vor allem durch den enormen Ausstoß von Treibhausgasen, dem Roden von Wäldern und der Versiegelung von Flächen zur Erderwärmung beiträgt (vgl. ebd.).

In den Alpen ist es im Vergleich zum Jahr 1900 sogar zu einem Temperaturanstieg von 1,5 Grad Celsius gekommen (vgl. ebd.). Verschiedene Rückkopplungseffekte sind die Ursachen dafür, dass die Alpen deutlich empfindlicher auf den Klimawandel reagieren als andere Regionen der Welt (vgl. Bundesministerium für Umwelt, Naturschutz und Reaktorsicherheit (BMU), 2007). Erstens reagieren Landflächen generell sensibler auf Temperaturveränderungen als Regionen, in denen das Klima vom Meer beeinflusst wird (vgl. ebd.). Ein weiterer Mechanismus ist die Eis-Albedo-Rückkopplung. Die Schnee- und Eisbedeckung der Alpen geht verloren. So wird eine dunklere Bodenoberfläche frei, die mehr Solarstrahlung absorbiert und weniger reflektiert. Das heißt, dass diese dunkle Oberfläche über eine kleinere Albedo verfügt als die helle Oberfläche des Schnees. Die Albedo von Neuschnee liegt bei 75 % bis 95 % (vgl. Schönwiese, 2008). Neuschnee kann also 75 % bis 95 % der eintreffenden Sonnenstrahlung wieder reflektieren. Altschnee kann eine Albedo von 40 % bis 70 % und Gletscher eine Albedo von 20 % bis 45 % vorweisen (vgl. ebd.). Jegliche Formen von Schnee oder Eis haben also wegen ihrer hellen Oberfläche hohe Albedo-Werte. Dunkle Oberflächen wie Gesteine (10 % bis 40 %), Gräser (15 % bis 35 %), Mischwälder (10 % bis 20 %) und Nadelwälder (5 % bis 12 %) haben hingegen einen relativ geringen Albedo-Wert (vgl. ebd.). Wenn diese Oberflächen also durch den Rückgang der Schnee- und Eisbedeckung offengelegt werden, wird mehr Solarstrahlung absorbiert und als Wärmestrahlung abgegeben. Dadurch wird die ursprüngliche Erwärmung zusätzlich verstärkt. Zusätzlich zu der Eis-Albedo-Rückkopplung spielt auch die Topographie der Alpenregion eine bedeutende Rolle in der Erwärmung, denn die steilen Hänge bieten der Solarstrahlung eine größere Fläche, die aufgeheizt werden kann (vgl. ebd.). Zudem geht die Verringerung der Schneebedeckung mit einer Erhöhung der Bodenfeuchte einher. So wird die Solarenergie länger im Boden gespeichert und nachts als Wärmestrahlung abgegeben (vgl. ebd.).

In Zukunft wird es zu einer weiteren Verlagerung der Niederschläge vom Sommer in den Herbst und Winter und zu Veränderungen in der Niederschlagsintensität kommen, da der Temperaturanstieg einen höheren Gehalt an Wasserdampf in der Atmosphäre bedingt und so eben diese Veränderungen bewirkt (vgl. Bundesministerium für Umwelt, Naturschutz und Reaktorsicherheit (BMU), 2007). Das heißt, dass im Sommer immer weniger und im Winter immer mehr Niederschlag fallen wird. Die veränderte Niederschlagsverteilung und der Temperaturanstieg führen zu einer früheren Schneeschmelze (vgl. ebd.). Außerdem werden in der Alpenregion zukünftig mehr extreme Wetterereignisse auftreten. Durch die weitere Erwärmung der Atmosphäre wird es zu extremen Niederschlägen mit einer Menge von über 30 Millimetern pro Tag kommen und die saisonale Niederschlagsmenge wird sich auch deutlich vergrößern (vgl. ebd.). Dadurch wird es zusätzlich zu einem Anstieg von Hochwasserereignissen kommen (vgl. ebd.).

3.2 Auswirkungen des Klimawandels auf den Naturraum und anthropogene Systeme in den Alpen

Im Hinblick auf die Hydro- und Kryosphäre wird es zu einer veränderten saisonalen Abflussverteilung kommen (vgl. ebd.). Die frühere Schneeschmelze verschiebt den maximalen Wasserabfluss vom Frühling in den Winter (vgl. ebd.). Die Eismassen der Alpen werden irgendwann vollständig aufgebraucht sein, sodass in den Sommermonaten die Wasserführung der Flüsse nur noch vom Niederschlag abhängig wäre (vgl. ebd.). Dieser Aspekt könnte in Verbindung mit der zu erwartenden Verschiebung der Niederschläge vom Sommer in den Winter zu Flüssen mit sehr geringer Wasserführung beziehungsweise ganz ausgetrockneten Flüssen führen (vgl. ebd.). Dementsprechend kann es durch den größeren Wasserabfluss und den erhöhten Niederschlägen im Winter zu Überschwemmungen kommen (vgl. ebd.). Zudem wird die durchschnittliche Wassertemperatur der Alpengewässer ansteigen (vgl. ebd.). Dies kann sich negativ auf die Wasserqualität und die thermale Strukturierung der Gewässer auswirken (vgl. ebd.). Der Permafrostboden wird durch den Klimawandel negativ beeinflusst werden. Der Permafrostboden wird in den Gebirgen, bedingt durch die erhöhte Erwärmung, weiter auftauen (vgl. ebd.). So wird es vermehrt zu Hanginstabilitäten und Murabgängen kommen, denn der Boden und die Gesteine verlieren dadurch an Stabilität und werden lockerer (vgl. ebd.). Des Weiteren wird die untere Permafrostgrenze um mehrere hundert Meter nach oben versetzt (vgl. ebd.). Diese Destabilisierung des Bodens in den Alpen hat noch weitere potenzielle Gefahren zur Folge: eine Steigerung der Häufigkeit von Eislawinen und Eisstürzen, die Destabilisierung von Felshängen und instabile Gletscher (vgl. ebd.). Diese Ereignisse können auch in Kombinationen auftreten und Kettenereignisse auslösen (vgl. Kääb, 2005). Außerdem werden die Gletscher in den Alpen im Laufe der Zeit an Masse verlieren (vgl. Bundesministerium für Umwelt, Naturschutz und Reaktorsicherheit (BMU), 2007). Es wird prognostiziert, dass sich das Volumen der Gletscher in den

Alpen bis 2050 um 30 % bis 70 % verringern könnte (vgl. ebd.) Kleinere Gletscher werden komplett verschwinden (vgl. ebd.). Es ist sogar möglich, dass die Gletscher in den Alpen bis zum Jahr 2100 einen Massenrückgang von bis zu 95 % verzeichnen werden (vgl. ebd.). Pro Grad Erwärmung wird die Schneedecke um mehrere Wochen zurückgehen und die Schneefallgrenze um 150 Meter nach oben verschoben (vgl. Intergovernmental Panel on Climate Change, 2022). Dazu wird es zu einer Verringerung von Frost- und Eistagen und weniger Niederschlag in Form von Schnee kommen (vgl. ebd.).

Der Klimawandel wirkt sich auch deutlich auf die Flora, die Fauna und die Pedosphäre der Alpenregion aus. Bedingt durch die intensiveren Niederschlagsereignisse wird es vermehrt zu Bodenerosion kommen, wodurch die Böden wichtige Substanz verlieren (vgl. Bundesministerium für Umwelt, Naturschutz und Reaktorsicherheit (BMU), 2007). Wie bereits oben beschrieben wird es generell zu einer Destabilisierung des Bodens kommen, dessen Folge weitere Naturgefahren sind. Neben den veränderten Wachstumsphasen der einheimischen Vegetation ist auch die Arealverschiebung von Pflanzen eine weitere Konsequenz des Klimawandels (vgl. ebd.). Vor allem oberhalb der Waldgrenze wird es zu enormen Veränderungen kommen (vgl. ebd.). Die Vegetation der tieferen Lagen wird in höhere Lagen vordrängen und so wird die Vegetation der alpinen Stufen weiter aufsteigen müssen (vgl. Erschbamer, 2006). Die Pflanzenarten, die sich dann nicht an die neuen Bedingungen anpassen können, werden gegebenenfalls aussterben und die Arten, die sich an die neue Umwelt anpassen können, sind dort einer großen Konkurrenz auf einem begrenzten Lebensraum ausgesetzt (vgl. Deutscher Alpenverein e. V. (b), o. J.). Es wird also zu einer Verschiebung der Höhenstufen in den Alpen kommen, wovon auch die Baumgrenze betroffen sein wird (vgl. Erschbamer, 2006). Die Steigerung des Kohlenstoffdioxidgehalts in der Atmosphäre hat für alpine Pflanzenarten keine positiven Auswirkungen, sondern es kann durch den Ausbruch von Krankheiten zu einer Schwächung von dominanten Pflanzenarten kommen (vgl. Bundesministerium für Umwelt, Naturschutz und Reaktorsicherheit (BMU), 2007). Des Weiteren werden die Wälder der Alpenregion im Sommer von Trockenstress betroffen sein (vgl. ebd.) Einerseits kann dies die Biodiversität in den Wäldern verringern (vgl. ebd.) So haben die Erhöhung der Temperatur, die Umverteilung des Niederschlags und das damit verbundene erhöhte Waldbrandrisiko gravierende Folgen für die Wälder der Alpen (vgl. ebd.). Andererseits ist es wahrscheinlich, dass die Buchenwälder der Alpen durch Eichen- und Hainbuchenwälder ersetzt werden (vgl. ebd.). Folglich wird die Biodiversität in diesen Wäldern ansteigen (vgl. ebd.). Durch das erhöhte Waldbrandrisiko und die steigende Auftretenswahrscheinlichkeit von Stürmen werden Feuer zukünftig eine enorme Gefahr für die Wälder in den Alpen darstellen (vgl. ebd.). Die Ertragsfähigkeit der Wälder wird dadurch vermindert und durch einen Waldbrand wird sehr viel Kohlenstoffdioxid ausgestoßen, welches zuvor in den Bäumen gespeichert wurde (vgl. ebd.). Dann könnten die Wälder auch ihre Schutzfunktion vor Naturgefahren nicht mehr erfüllen (vgl. Schumacher/ Bugmann, 2006). Neben der Flora ist auch die Fauna der Alpen vom Klimawandel betroffen. Insekten reagieren teilweise noch sensibler auf die Auswirkungen des Klimawandels, da ihre Verbreitungsgrenzen vor allem durch die Temperatur begrenzt werden (vgl. Bundesministerium für Umwelt, Naturschutz und Reaktorsicherheit (BMU), 2007). Sowohl für die Insekten als auch für die Tierwelt wird ein Artenverlust von bis zu 60 Prozent prognostiziert (vgl. ebd.).

Der Mensch ist zwar einerseits einer der größten Verursacher des Klimawandels, andererseits werden auch anthropogene Systeme vehement vom Klimawandel in den Alpen betroffen sein. Durch die Zunahme von Hitzewellen wird es immer mehr Tode geben, wovon vor allem ältere Menschen betroffen sein werden (vgl. ebd.). Krankheitsübertragende Insekten werden sich ausbreiten und diese Krankheiten auch auf Menschen übertragen (vgl. ebd.). Wie bereits beschrieben wird es zu einer höheren Auftretenswahrscheinlichkeit von Naturgefahren kommen, die die anthropogenen Systeme der Alpen (z.B. Siedlungen, Infrastruktur) treffen könnten und so zu Naturkatastrophen werden könnten (vgl. ebd.). Des Weiteren wird die Wasserwirtschaft der Menschen durch den Gletscherschwund und die Umverteilung der Niederschläge beeinflusst werden (vgl. Süddeutsche Zeitung, 2010). Die Sommertrockenheit wird in den Alpen einen negativen Einfluss auf die Landwirtschaft haben. Die Wahrscheinlichkeit von Dürreperioden kann bis zum Jahr 2100 auf 50 % steigen (vgl. Bundesministerium für Umwelt, Naturschutz und Reaktorsicherheit (BMU), 2007). Heute liegt sie lediglich bei 10 % bis 15 % (vgl. ebd.). Wenn keine Gegenmaßnahmen ergriffen werde, wird zudem die in Zukunft öfter vorkommende Bodenerosion Ernteeinbußen zur Folge haben (vgl. ebd.)

4. Der Tourismus und der Klimawandel in den Alpen

4.1 Entwicklung und Bedeutung des Tourismus in den Alpen

Der Tourismus des Alpenraums lässt sich in Sommer- und Wintertourismus untergliedern. Der Sommertourismus erlebte seinen ersten Aufschwung in der Belle-Époque Phase von 1880 bis 1914 (vgl. Steinecke, 2011). Medizinische Forscher und Forscherinnen haben in dieser Zeit herausgefunden, dass die Höhenluft eine Heilwirkung haben kann (vgl. ebd.). Der Sommertourismus war in dieser Zeit vor allem durch Sanatorien, Luxushotels und Casinos gekennzeichnet (vgl. ebd.). Es kamen also hauptsächlich wohlhabende Personen in dieser Phase (vgl. ebd.). Zudem kam es zum Bau von Eisenbahnstrecken und zur Erschließung von Aussichtspunkten (vgl. ebd.). Die infrastrukturelle Erschließung der Alpen ist also gestartet (vgl. ebd.). In den darauffolgenden Jahren wurde die touristische Infrastruktur der Alpen erweitert und breitere Gesellschaftsschichten nutzten das touristische Angebot der Alpen (vgl. ebd.). Der Tourismussektor der Alpen entwickelte sich zu einem Massenphänomen (vgl. ebd.). Ab dem Jahr 1955 wurde die Gesellschaft zunehmend motorisierter und sie konnten mehr Urlaubstage nehmen (vgl. ebd.). In den folgenden Jahrzehnten entwickelte sich der

Tourismus immer mehr zum Massentourismus (vgl. ebd.). So konnte die Region Tirol zu Beginn der 1950er Jahren drei Millionen Übernachtungen vorweisen (vgl. ebd.) Bis zum Anfang der 1980er Jahre ist die Anzahl der touristischen Übernachtungen in Tirol auf 41 Millionen Übernachtungen gestiegen (vgl. ebd.). Danach kam es durch ein verändertes Reise- und Freizeitverhalten der Menschen zu einer Stagnationsphase des Sommertourismus in der Alpenregion (vgl. ebd.). Die Reisenden hatten immer kürzere Aufenthaltsdauern und das Gesundheitssystem wurde generell verbessert, wodurch die Sanatorien und Kurorte immer weniger besucht wurden (vgl. ebd.). Heute dominiert der Sommertourismus hauptsächlich an den Alpenrändern (vgl. Ellrich/ Pape, 2019). Die Sommertouristen und -touristinnen können viele verschiedene naturorientierte Aktivitäten in der Alpenregion ausführen. Dazu gehört beispielsweise das Klettern, das Radfahren und das Wandern.

Die Entwicklung des Wintertourismus zu einem Massentourismus begann in der Mitte der 1960er Jahre (vgl. Westermann Bildungsmedien Verlag GmbH, o. J.). Charakteristisch waren damals mittelgroße Hotels und Skilifte, die mehrere Skigebiete miteinander verbanden (vgl. ebd.). Diese Infrastruktur wurde vor allem in den größeren Tourismuszentren errichtet und dieses Angebot wurde vor allem von wohlhabenderen Personen wahrgenommen (vgl. ebd.). Der Boom des Wintertourismus in den Alpen endete um das Jahr 1985 und es entstanden Kapazitäten, die nun nicht mehr genutzt wurden (vgl. ebd.). Die Situation wurde durch die erhöhte Konkurrenz und den schneearmen Wintern von 1987 bis 1990 weiter verschärft (vgl. ebd.) Einige Tourismuszentren begannen damit die Schneesaison künstlich durch technische Maßnahmen zu verlängern (vgl. ebd.). Anschließend haben sich verschiedene Regionen unterschiedlich spezialisiert (vgl. ebd.). Einige Regionen förderten den nachhaltigen Tourismus, andere Regionen setzten ihre Schwerpunkte im Sport-, Gesundheits-, Outdoor- und Wellnessbereich (vgl. ebd.). Die Schweiz nahm Beispielsweise eine Entwicklung von Kurorten zu großen Wintersportzentren, wie beispielsweise in Davos (vgl. ebd.). Dennoch hat die Schweiz nur wenige Orte, die mehr als 200.000 Übernachtungen aufweisen können (vgl. ebd.). Dies ist wohl auf das hohe Preisniveau der Schweiz zurückzuführen (vgl. ebd.). In Österreich hingegen wurde sich aufgrund des vorkommenden Thermalwassers auf Thermen spezialisiert (vgl. ebd.). Generell liegen die Ballungsräume des Wintertourismus heute eher in den Inneren der Alpen (vgl. ebd.). Klassische naturorientierte Aktivitäten der Wintertouristen und -touristinnen sind das Skifahren, das Snowboarden und das Schneeschuhwandern.

Heute sind die Alpen das weltweit größte Skigebiet und ziehen sehr viele Touristen und Touristinnen an (vgl. Ellrich/Pape, 2019). Der Wintertourismus zieht jährlich etwa 48 Millionen Menschen an (vgl. ebd.). Damit verbunden ist ein jährlicher Umsatz von zirka 13 Milliarden Euro und beispielsweise die Erzeugung von etwa 9500 Arbeitsplätzen an Seilbahnen in der Wintersaison 2016/2017 in den deutschen Alpen (vgl. ebd.). Mit einem Umsatz von jährlich zirka 12,5 Milliarden Euro hat auch der

Sommertourismus eine enorme Bedeutung für Einkommen und Beschäftigung in Deutschland (vgl. ebd.). Bezogen auf den gesamten Alpenraum generiert der Tourismus im Alpenraum rund 50 Milliarden Euro Umsatz pro Jahr und erschafft 10 bis 12 Prozent der Arbeitsplätze (vgl. Bundesministerium für Umwelt, Naturschutz und Reaktorsicherheit (BMU), 2007). Vor allem in den höhergelegenen Gemeinden und ländlichen Gebieten ist der Tourismus ein enorm wichtiges, teilweise sogar das einzige, wirtschaftliches Standbein (vgl. Ellrich/ Pape, 2019). Der Tourismus hat teilweise einen Anteil von über 80 % an der gesamten Wertschöpfung einiger Gebiete (vgl. ebd.). Diese Monostruktur birgt dementsprechend eine große Abhängigkeit der Alpengemeinden vom Tourismus (vgl. ebd.). Möglichkeiten, die dieser Abhängigkeit entgegenwirken können, haben kaum Potenzial (vgl. ebd.). Der Alpentourismus zeichnet sich vor allem durch naturorientierte Aktivitäten aus und die vielfältige Natur der Alpen gilt als der Hauptanziehungspunkt der Touristen und Touristinnen (vgl. BUND Naturschutz, o. J.). Dies verdeutlicht einerseits, dass der Tourismus eine essenzielle wirtschaftliche Bedeutung für die Alpenregionen hat. Andererseits ist eben dieser wirtschaftlich wichtige Tourismus auf einen vielfältige und unzerstörten Naturraum angewiesen (vgl. ebd.). Hier kommt es zu Wechselwirkungen zwischen dem Tourismus und der intakten Natur, denn gerade der Wintertourismus hat negative Auswirkungen auf die Umwelt (vgl. Ellrich/ Pape, 2019). Für den Tourismus in den Alpen werden zum Beispiel Bergwälder abgeholzt und durch den Bau von Hotels und Skipisten werden große Flächen versiegelt (vgl. ebd.). Durch das durch den Tourismus bedingt hohe Verkehrsaufkommen in den Alpen werden wiederum Abgase ausgestoßen, die den Klimawandel weiter verstärken (vgl. ebd.). Darüber hinaus wird immer mehr versucht die Skisaison durch den Einsatz von Schneekanonen, die künstlichen Schnee produzieren, zu verlängern (vgl. ebd.). Dies ist mit einem enormen Energieverbrauch verbunden (vgl. ebd.). Die negativen ökologischen Folgen des Wintertourismus werden vor allem im Sommer sichtbar, wodurch in manchen Gegenden schon ein Rückgang des Sommertourismus vorzufinden ist (vgl. ebd.).

4.2 Auswirkungen des Klimawandels auf den Tourismus

Der Klimawandel hat einen sehr großen Einfluss auf die Natur und die Umwelt der Alpenregion (siehe 3.2). Im Folgenden soll erläutert werden, inwiefern der Tourismussektor von diesen Auswirkungen betroffen sind. Dabei sind der Sommer- und Wintertourismus auf verschiedene Weise vom Klimawandel betroffen.

Der wohl gravierendste Aspekt in Bezug auf den Wintertourismus ist die Verkürzung der Skisaison, die durch den Klimawandel hervorgerufen wird. In Zukunft wird es kürzere Winter mit einer höheren Durchschnittstemperatur geben. Dazu kommt die Verringerung der Eistage, der Rückgang der Schneedecke, die Verschiebung der Schneefallgrenze in höhere Lagen und generell weniger

Niederschlag in Form von Schnee. Das alles führt zu einer Abnahme der Schneesicherheit im gesamten Alpengebiet. Es müssen neue Skigebiete in höhere Lagen angesiedelt werden und es wird zu einem massiven Einsatz von Schneekanonen kommen, was wiederum negative ökologische Auswirkungen mit sich bringen würde. Einige Experten deklarieren, dass das Skifahren in Zukunft nicht mehr unter 1.800 Höhenmeter stattfinden kann (vgl. ebd.). Gerade Deutschland ist von der Abnahme der Schneesicherheit besonders betroffen (vgl. Bundesministerium für Umwelt, Naturschutz und Reaktorsicherheit (BMU), 2007). Selbst bei einer relativ geringen Erwärmung von 1 Grad Celsius wird es in Deutschland zu einem Rückgang der schneesicheren Gebiete von bis zu 60 % kommen (vgl. ebd.). Wenn es zu einer globalen Erderwärmung von 2 Grad Celsius kommt, werden in Deutschland nur noch 13 % der heutzutage als schneesicher eingestuften Gebiete immer noch schneesicher sein (vgl. ebd.). Bezogen auf die ganze Alpenregion würde sich bei einem Erwärmungsszenario von 2 Grad Celsius die Anzahl der schneesicheren Gebiete um 61 % verringern (vgl. ebd.). Die Organisation für wirtschaftliche Zusammenarbeit und Entwicklung (OECD) gab sogar die Warnung aus, dass alle Schneesportgebiete in Deutschland durch den Klimawandel massiv wirtschaftlich bedroht werden (vgl. ebd.). Durch den Einsatz von Schneekanonen wird versucht die Schneesaison künstlich zu verlängern. Ab einer Temperatur von zirka 0 Grad Celsius kann Kunstschnee verwendet werden (vgl. Kromp-Kolb, 2006). Das Problem hierbei ist erstens, dass auch die Tage mit einer Temperatur von 0 Grad Celsius oder weniger immer weiter abnehmen. Zweitens ist der Einsatz von Schneekanonen mit einem gewaltigen Energie- und Wasseraufwand verbunden (vgl. Bundesministerium für Umwelt, Naturschutz und Reaktorsicherheit (BMU), 2007). Insofern ist es gerade in Zeiten der Energiekrise und des Klimawandels extrem fraglich, inwiefern die künstliche Verlängerung der Skisaison sowohl moralisch vertretbar, als auch wirtschaftlich rentabel ist. Des Weiteren ist ein künstliches Skigebiet nicht besonders attraktiv für Skifahrer und Skifahrerinnen, denn diese wollen in einer verschneiten Berglandschaft Skifahren. Auch das Verschwinden der Gletscher sorgt dafür, dass die Berglandschaft der Alpen nicht mehr so attraktiv für Erholungssuchende ist. Die Abnahme der Schneesicherheit hat also enorme Folgen für den Wintertourismus. Die Anpassungen an diese Veränderungen (z.B. Einsatz von Schneekanonen) sind weder ökologisch vertretbar, noch nachhaltig. Auf Dauer verlieren die Alpen durch die Verkürzung der Skisaison an Attraktivität für Wintertouristen und -touristinnen. Dadurch wird die Alpenregion massiv wirtschaftlich bedroht.

Zu den positiven Auswirkungen des Klimawandels auf den Sommertourismus zählt erstmal generell, dass die Sommersaison durch die erhöhten Temperaturen im Frühling und Herbst verlängert wird. Durch die höheren Temperaturen und der höheren Auftretenswahrscheinlichkeit von Hitzewellen könnte die kühle Bergluft zu einer wertvollen Ressource werden, die vor allem in den Sommermonaten einige Touristen und Touristinnen anlocken könnte (vgl. ebd.). Andererseits kann die vor allem durch den Wintertourismus hervorgerufene Zerstörung der Landschaft und Natur einen Rückgang des Sommertourismus mit sich bringen. Der maximale Wasserabfluss aus dem Gebirge und die Verschiebung des Niederschlags vom Sommer in den Winter führt dazu, dass die Flüsse im Sommer ein geringeres Wasservolumen beziehungsweise eine vollständige Austrocknung vorzuweisen haben. Für einige Reisende könnte auch das als unattraktiv angesehen werden. Diese Faktoren bedingen auch, dass es im Winter zu Überschwemmungen in der Alpenregion kommen könnte, die durch das häufigere Auftreten von extremen Niederschlagsereignissen verstärkt werden könnten. Der Klimawandel verursacht noch weitere Naturgefahren in der Alpenregion, die enorme Gefahren beinhalten. Durch das Auftauen des Permafrostbodens werden die steilen Hänge und die Gletscher instabiler. So wird es vermehrt zu Eisstürzen und Murabgängen kommen. Auch diese Ereignisse können durch extreme Wetterereignisse verstärkt und bewirkt werden. Hitzewellen und Stürme verstärken auch das schon generell erhöhte Waldbrandrisiko. Hinzu kommt noch die zu erwartende Ausbreitung von krankheitsübertragenden Insekten. Zusammenfassend werden all diese Gefahren zu einem Rückgang der Tourismuszahlen führen, denn welcher Mensch will schon in einem Gebiet Urlaub machen, in dem so viele potenzielle Naturgefahren drohen. Darüber hinaus werden die Alpenregionen durch die Auswirkungen des Klimawandels auf die Natur an Attraktivität verlieren. Dies wird vor allem durch den Volumenrückgang der Gletscher, den Verlust von kleinen Gletschern und den Rückgang der Wasserqualität bedingt, denn gerade im Sommer ist die vielfältige und intakte Natur der Alpen die Hauptattraktion für Touristen und Touristinnen. In diesem Kontext ist auch die Arealverschiebung der Pflanzen und das damit verbundene Artensterben, der vermehrte Trockenstress der Wälder und der damit verbundene Rückgang der Biodiversität und der genereller Artenverlust in der Tierwelt als negativ für den Tourismus anzusehen, weil eben viele Reisende gerade wegen der biologischen Vielfalt in die Alpenregion kommen.

Insgesamt ist also durch die Auswirkungen des Klimawandels mit einem Rückgang des wirtschaftlich sehr bedeutsamen Tourismus zu rechnen. Darüber hinaus wird durch den vom Klimawandel ausgelösten Dürreperioden und Erosionsprozesse eine landwirtschaftliche Tätigkeit immer schwieriger. Dieser Aspekt ist mit einer zunehmenden Abhängigkeit der Menschen vom Tourismus verbunden.

5. Fazit

Die klimatischen Gegebenheiten des Alpenraums sind im Allgemeinen sehr heterogen und lassen sich durch verschiedene Formenwandel beschreiben, nämlich den hypsometrischen, den peripher-zentralen, den planetarischen und den westöstlichen Formenwandel. Durch den hypsometrischen Formenwandel bilden sich kleinräumliche Vegetationszonen. Dadurch ergeben sich je nach

Höhenstufe Veränderungen in der Pflanzenwelt. Generell ist im Alpenraum eine sehr hohe biologische Vielfalt vorzufinden.

Die Alpen reagieren deutlich sensibler auf den Klimawandel als andere Regionen der Erde. Grund dafür sind verschiedene Rückkopplungseffekte, zum Beispiel die Eis-Albedo-Rückkopplung. Die Klimaveränderungen bewirken eine Umverteilung des Niederschlags vom Sommer in den Winter. Im Zusammenhang mit dem generellen Temperaturanstieg führt dies zu einer früheren Schneeschmelze. Eine weitere Auswirkung der globalen Erwärmung ist die Zunahme von extremen Wetterereignissen, wie Hitzewellen und Starkniederschläge. Der Klimawandel bringt auch Folgen für die Hydro- und Kryosphäre mit sich. Die frühere Schneeschmelze bewirkt, dass der maximale Wasserabfluss des Hochgebirges im Winter ist. Dadurch kommt es dazu, dass die Flüsse im Sommer auf Dauer austrocknen werden und es gleichzeitig zu Überschwemmungen im Winterhalbjahr kommen wird. Des Weiteren kommt es durch das Auftauen des Permafrostbodens zu Hanginstabilitäten, Murabgängen, einer Steigerung der Häufigkeit von Eislawinen und Eisstürzen und zu instabilen Gletschern. Diese Ereignisse bedingen und verstärken sich gegenseitig und dementsprechend kann es zu Kettenreaktionen dieser Naturgefahren kommen. Die Klimaveränderungen provozieren, dass es zu einem massiven Massenverlust von Gletschern kommt und kleinere Gletscher werden sogar ganz verschwinden. Dazu kommt die Verringerung der Eistage, der Rückgang der Schneedecke und die Schneefallgrenze wird sich in höhere Lagen verschieben. Im Bereich der Flora, Fauna und Pedosphäre ist es zu nennen, dass es durch Erosionsprozesse zu einem Verlust von wichtiger Bodensubstanz kommen wird. Einige Pflanzenarten könnten durch die Arealverschiebung und den in höheren Lagen vorherrschenden Konkurrenzdruck aussterben. Aufgrund der höheren Kohlenstoffdioxid-Konzentration in der Atmosphäre könnten in der Pflanzenwelt Krankheiten ausbrechen. In Bezug auf die biologische Vielfalt sind zwei Zukunftsszenarien möglich. Einerseits kann es zu einer Steigerung der biologischen Vielfalt durch die Ansiedlung von Eichen- und Hainbuchenwäldern kommen, andererseits ist es möglich, dass der Artenreichtum aufgrund von Trockenstress zurückgehen wird. Durch das vermehrte Auftreten von Waldbränden wird es zu einem zusätzlichen Ausstoß von Kohlenstoffdioxid und einer Verminderung der Ertragsfähigkeit der Wälder kommen. In der Tierwelt wird ein Artenverlust von bis zu 60 % prognostiziert. Der Klimawandel beeinflusst auch die anthropogenen Systeme in den Alpen. So wird es vermehrt zu Todesfällen durch Hitzewellen kommen und die drohenden Naturgefahren können schnell zu Naturkatastrophen werden. Auch die Wasserwirtschaft und die Landwirtschaft werden durch den Klimawandel negativ beeinflusst.

Der Sommer- und Wintertourismus entwickelten sich in den 1960ern und 1970ern Jahren zum Massentourismus. Der Boom endete jeweils zirka in der Mitte der 1980er Jahre. Dadurch dass der Tourismus das wichtigste wirtschaftliche Standbein und enorm viele Arbeitsplätze schafft, ist der

Tourismus- und Freizeitsektor sehr bedeutsam für die Alpenregion. Durch den großen Anteil des Tourismussektors an der Gesamtwertschöpfung der Alpenregion ergibt sich für die Menschen und die Wirtschaft eine enorme Abhängigkeit vom Tourismussektors. Der heutige Tourismus ist vor allem durch naturorientierte Aktivitäten und der einzigartigen Natur als Anziehungsmagnet für Reisende gekennzeichnet. Aus diesem Grund ist der Tourismus enorm auf eine intakte Umwelt angewiesen.

Das Problem ist, dass der Klimawandel indirekt gewaltige Auswirkungen auf den Tourismus in den Alpen hat. Vor allem durch kürzere Winter mit einer höheren Durchschnittstemperatur wird die Skisaison in den Alpen verkürzt. Es wird bei einer Erwärmung von 1 Grad Celsius prognostiziert, dass 60% der heutzutage als schneesicher eingestuften Gebiete zukünftig nicht mehr schneesicher sind. Zudem wird das Skifahren in Zukunft nicht mehr unter 1800 Metern möglich sein und somit ist eine Ansiedlung neuer Skigebiete notwendig, wenn weiterhin nicht auf den Skitourismus verzichtet werden soll. Folglich wird die Anzahl der Wintertouristen und -touristinnen durch die Auswirkungen des Klimawandels deutlich zurückgehen und so auf den Wintertourismus in Zukunft als Arbeitslieferant und wirtschaftliche Stütze kein Verlass mehr sein. Dieser Sachverhalt ist bei der enormen Abhängigkeit der Alpenregion vom Wintertourismus extrem problematisch. Auch eine künstliche Verlängerung der Skisaison wird diesem Problem nur in geringem Maße entgegenwirken können.

Bezogen auf den Sommertourismus könnte die kühlere Bergluft in der Zukunft weiterhin Reisende anlocken. Dies ist die einzige positive Auswirkung der globalen Erwärmung auf den Alpentourismus. Auf der anderen Seite verringert der Klimawandel und dessen Auswirkungen die Attraktivität des Naturraums der Alpen. Zudem können die drohenden Naturgefahren sehr einfach zu Naturkatastrophen werden und so zu einer Abschreckung von Touristen und Touristinnen führen.

Insgesamt wird es aufgrund der fast ausschließlich negativen Folgen des Klimawandels zu einem deutlichen Rückgang der Tourismuszahlen, der zusätzlich durch den demographischen Wandel und der Diversifizierung von Freizeitmöglichkeiten verstärkt wird, kommen. Dadurch wird die Arbeitslosenquote ansteigen und ein sehr großer Anteil der Gesamtwertschöpfung wird verschwinden. Die touristischen Akteure und Akteurinnen müssen sich an die zukünftigen Gegebenheiten anpassen und ihr Angebot diversifizieren, wenn der Tourismussektor weiterhin eine große Einnahmequelle bilden soll. Ansonsten müsste sich die ganze Alpenregion auf andere Arten der Wertschöpfung spezialisieren. Langfristig wird der Alpenregion nur eine vehemente globale Reduktion von Treibhausgasen und das Erreichen einer Klimaneutralität helfen.

Literaturverzeichnis

-Bätzing, Werner (2015): Die Alpen. Geschichte und Zukunft einer europäischen Kulturlandschaft. München.

-Bayerischer Rundfunk (2019): Was ist eigentlich ein Gletscher? Online unter: https://www.planet-wissen.de/natur/klima/gletscher/gletscher-was-ist-das-100.html (abgerufen am 07.10.2022)

-BUND Naturschutz (o. J.): Tourismus in den Alpen. Freizeitparadies Bayerische Bergwelt? Online unter: https://www.bund-naturschutz.de/alpen/tourismus (abgerufen am 07.10.2022)

-Bundesministerium für Umwelt, Naturschutz und Reaktorsicherheit (2007): Klimawandel in den Alpen. Fakten – Folgen – Anpassung. Berlin.

-Coenraads, Robert (2007): Geologica. Earth's Dynamic Forces. Elanora Heights.

-Commission Internationale pour la Protection des Alpes (CIPRA) (2018): Die Alpen. Online unter: https://www.cipra.org/de/themen/alpenpolitik/alpen (abgerufen am 07.10.2022)

-Deutscher Alpenverein e. V. (a) (o. J.): Biologische Vielfalt. Online unter: https://www.alpenverein.de/natur-klima/naturschutzverband/die-alpen/biologische-vielfalt_aid_36387.html (abgerufen am 07.10.2022)

-Deutscher Alpenverein (b) (o. J.): Höhenstufen der Alpen. Online unter: https://www.alpenverein.de/natur-klima/naturschutzverband/die-alpen/hoehenstufen-pflanzen-vegetation-alpen-klima_aid_27614.html (abgerufen am 07.10.2022)

-Ellrich, Mirko/ Pape, Maxie (2019): Infoblatt Alpentourismus. Online unter: https://www.klett.de/alias/1015012 (abgerufen am 07.10.2022)

-Erschbamer, Brigitta (2006): Klimawandel – Risiko für alpine Pflanzen? In: Psenner, Roland / Lackner, Reinhard (Hrsg.) (2006): Die Alpen im Jahr 2020. Innsbruck. S. 15-22.

-Gebhardt, Hans/ Glaser, Rüdiger/ Radtke, Ulrich/ Reuber, Paul/ Vött, Andreas (2019): Geographie. Physische Geographie und Humangeographie. Heidelberg.

-Intergovernmental Panel on Climate Change (2022): Climate Change 2022. Mitigation of Climate Change. Genf.

-Kääb, Andreas (2005): Remote sensing of mountain glaciers and permafrost creep. Zürich.

-Kromp-Kolb, Helga (2006): Klimawandel und Wintertourismus. In: CIPRA (Hrsg.) (2006): Klima-Wandel-Alpen. Tourismus und Raumplanung im Wetterstress. Cipra Tagungsband 23/2006. München. S. 102-109.

-Pfiffner, Adrian (2009): Geologie der Alpen. Bern.

-Schönwiese, Christian-Dietrich (2008): Klimatologie. Stuttgart.

-Schumacher, Sabine/ Bugmann, Harald (2007): The relative importance of climatic effects, wildfires and management for future forest landscape dynamics in the Swiss Alps. In: Long, Steve (Hrsg.) (2006): Global Change Biology. New Jersey. S. 1435-1450.

-Steinecke, Albrecht (2011): Tourismus. Braunschweig.

-Süddeutsche Zeitung (2010): Klimawandel in den Alpen. Eisfrei in hundert Jahren. Online unter: https://www.sueddeutsche.de/wissen/klimawandel-in-den-alpen-eisfrei-in-hundert-jahren-1.629634 (abgerufen am 07.10.2022)

-Westermann Bildungsmedien Verlag GmbH (o. J.): Alpen – Sommer- und Wintertourismus. Online unter: https://diercke.westermann.de/content/alpen-sommer-und-wintertourismus-978-3-14-100870-8-94-1-1 (abgerufen am 07.10.2022)

BEI GRIN MACHT SICH IHR WISSEN BEZAHLT

- Wir veröffentlichen Ihre Hausarbeit, Bachelor- und Masterarbeit

- Ihr eigenes eBook und Buch - weltweit in allen wichtigen Shops

- Verdienen Sie an jedem Verkauf

Jetzt bei www.GRIN.com hochladen und kostenlos publizieren